青少年网络空间安全科普教育读本
Qīng shào nián wǎng luò kōng jiān ān quán kē pǔ jiào yù dú běn
——网络安全在身边
Wǎng luò ān quán zài shēn biān

李建华 马 进\主 编

陈秀真 刘功申\副主编

张龙庭\主 审

上海交通大学出版社

SHANGHAI JIAO TONG UNIVERSITY PRESS

内容提要

　　"少成若天性，习惯如自然"。本书从青少年的视角出发，在青少年行为和生活方式形成的主要阶段，帮助广大青少年形成对网络空间安全的正确意识和思维方式。为真正让青少年从中受到教益，本书通过情景式漫画介绍日常生活中常见的网络安全问题和新兴的信息化科技，引导青少年用正确的态度和手段保护自身利益、对"灰色地带"提高警惕，并进一步激发青少年的创新激情。

　　相信这本书将成为青少年成长生涯中一个共同的记忆，成为引领其价值观和人生观健康发展的正能量。

图书在版编目（CIP）数据

　　青少年网络空间安全科普教育读本：网络安全在身边 / 李建华，马进主编． -- 上海：上海交通大学出版社，2020

　　ISBN 978-7-313-23235-9

　　Ⅰ．①青… Ⅱ．①李… ②马… Ⅲ．①计算机网络－网络安全－青少年读物 Ⅳ．① TP393.08-49

　　中国版本图书馆 CIP 数据核字（2020）第 077590 号

青少年网络空间安全科普教育读本——网络安全在身边

QINGSHAONIAN WANGLUO KONGJIAN ANQUAN KEPU JIAOYU DUBEN——WANGLUO ANQUAN ZAI SHENBIAN

主　　编：李建华 马进		地　　址：上海市番禺路 951 号
出版发行：上海交通大学出版社		电　　话：021-64071208
邮政编码：200030		经　　销：全国新华书店
印　　制：苏州市越洋印刷有限公司		印　　张：3.5
开　　本：787mm×1092mm 1/16		
字　　数：70 千字		
版　　次：2020 年 6 月第 1 版		印　　次：2020 年 6 月第 1 次印刷
书　　号：ISBN 978-7-313-23235-9		
定　　价：28.00 元		

序

　　不管是否承认和愿意，我们的日常生活就在网络之中。网络安全伴随着网络的诞生而出现，并随着应用的丰富和深入而更加复杂。对新事物异常敏感、对时代发展反应最为迅速的青少年在享受网络带来便利的同时，学会正确面对和处理网络空间安全问题已成为必备技能。本书从青少年的视角出发，以漫画的形式，从日常应用和场景入手，引入实际案例，通过专家点评分析问题原因，提出对策建议，以期帮助青少年更好地安全上网、用网。

　　本书具有专业化、通俗化与趣味性相结合的特色，是一本非常适合青少年的网络空间安全科普读物。全书分为4个部分总计14章。第一部分"安全威胁就在身边"介绍了青少年日常生活和学习中可能发生的常见安全问题；第二部分"网络安全基本技能"阐述了终端应用防护、网络应用防护和个人信息防护等防护技能；第三部分"新兴的信息化科技影响有多大"展现了新兴技术应用的广阔前景及其安全问题；第四部分"从小做个爱国守法的网民"强调了网络空间安全的重要性。

　　网络空间安全是把双刃剑，既不能因为方便快捷就忽视安全问题，也不能因为安全问题而弃用网络。青少年要增强网络空间安全意识，提高认知能力，提升网络安全基本技能，遵守网络安全法律，力争做到上网、用网安全！

——中国科学院院士，上海交通大学副校长

二〇二〇年元月

目录

PART **3** 新兴的信息化科技影响有多大 /31

PART **4** 从小·做个爱国守法的网民 /43

PART 1 安全威胁就在身边

寒假在小明家中

第一章 计算机也会"生病" · 什么是计算机病毒

　　人感染了病毒会生病，计算机感染了病毒同样也会"生病"。人常说：病从口入。那么计算机病毒从何"口"而入？这个"口"则是计算机软硬件系统存在的各种各样的"漏洞"，才让病毒、木马、蠕虫、间谍软件和勒索软件等恶意代码有机可乘。小朋友们要逐步领会计算机病毒防治的"真谛"，学会自觉地管住"口"，用对"药"——管住"口"，就是要修补计算机系统的漏洞；用对"药"，就是要给计算机安装强力的病毒查杀软件。

——刘建伟 | 北京航空航天大学网络空间安全学院院长，党委书记，教授

计算机中毒病房

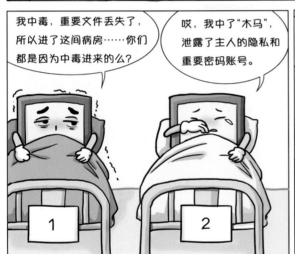

第一章 计算机也会"生病"·计算机病毒有什么危害

　　计算机病毒危害可大可小，小的就是一些技术高手的恶作剧，让计算机唱歌或者更改桌面图标等；危害大的可能篡改系统，破坏重要的软硬件或文件；甚至还可以让城市、国家乃至全世界计算机系统罹患"流感"，造成银行、交通、电力等重要基础设施停摆。所以小朋友们应该谨慎打开 U 盘，不乱点邮件链接和下载陌生人发来的文件，养成良好的使用习惯，可以有效防止病毒危害。

——蔡晶晶 | 北京永信至诚科技股份有限公司董事长，国家漏洞库专家委员

学校教室中

第一章 计算机也会"生病"·病毒感染计算机的途径

　　病毒感染计算机的途径非常多,比如随意将他人给的 U 盘或光盘插入爸爸妈妈或学校的计算机中;趁爸爸妈妈不在,好奇上了不该上的网站,下载喜欢的盗版游戏;随意打开他人发给我们的邮件;为省上网流量买糖吃,随便连接所谓的免费上网 WI-FI。这些行为都可能让爸爸妈妈的钱被坏人拿走哦。所以,小朋友们应该听老师和爸爸妈妈的话,加强防范,不随意接受他人给我们的 U 盘、光盘,如想要上网学习和玩游戏,要注意增强网络安全意识,防止计算机中病毒哦。

——翁海光 | 上海公安学院高级工程师（副教授），高级教官

攻防大战

第二章 黑客与恶意软件·什么是电脑黑客

黑客是由英语 Hacker 音译而来，也常称为"电脑黑客"。电脑黑客原意是指拥有熟练电脑技术的人，但人们更习惯把未经允许通过网络侵入他人电脑或网络设备的人称为黑客。黑客通常是利用电脑或网络设备的软件漏洞来实现网络侵入或渗透。黑客侵入的过程被称为"网络攻击"，其目的常常是获取电脑或设备中的数据，这种黑客行为是违法的行为，严重的黑客行为甚至构成犯罪。

——秦玉海 | 中国刑事警察学院网络犯罪侦查系系主任，教授

周末在亲戚家中

第二章 黑客与恶意软件 · 不怀好意的程序：吸费软件

　　由于通信运营商与部分服务提供商有协议，双方对通过软件上网产生的流量费双方进行分成。因此，有程序故意内置偷跑流量、恶意扣费的代码，用户在不知情的情况下就被扣掉了相关费用。

　　如何防止手机吸费软件呢？

　　我们要从正规网站和渠道下载手机软件，这些网站上的应用经过正规审核，一般都不会附带吸费软件；我们还可以在手机的系统设置功能中限制每个程序上网的类型，包括使用 WI-FI 上网、移动数据上网或者不能上网，从而有效地防止软件偷跑流量。

——金 波 | 公安部第三研究所所长助理，首席科学家，研究员

学校机房

第二章 黑客与恶意软件·不可小觑的"虫"：蠕虫

　　蠕虫是一种常见的恶意代码，它利用网络进行复制和传播。2017年5月至6月间爆发的"永恒之蓝"及其变种肆虐全球150多个国家，全世界范围内众多教育、医疗机构，金融、能源、大中型企业内网和政府机构专网"中招"，遭勒索支付高额赎金方可解密恢复文件。因此，养成良好的计算机使用习惯非常重要，比如定期更新操作系统补丁，不轻易打开不明电子邮件的附件等。

——李建华｜上海交通大学网络空间安全科学与技术研究院院长、教授、博士生导师，教育部信息安全教学指导委员会副主任委员

第二章 黑客与恶意软件·隐藏在程序中的危害：后门

　　后门既有有意预留的，也有无意形成的，它是供某位特殊使用者控制计算机系统的通道。特殊的使用者能通过后门控制计算机系统。当黑客发现了这个通道后，他也能通过这个通道控制用户的计算机系统。很显然，后门是非常严重的安全威胁，是黑客和红客（从事网络安全行业的爱国黑客）们在信息战争中奋力争夺的阵地。

——刘功申｜上海交通大学网络空间安全学院副院长，教授

暑假在小王家

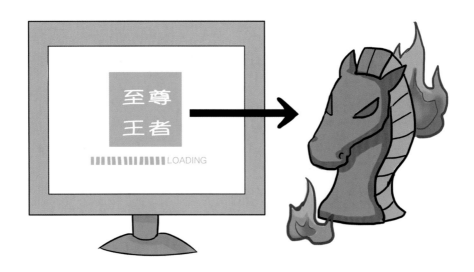

第二章 黑客与恶意软件·计算机中的间谍：木马

　　特洛伊木马一词源自一个古老的希腊神话，希腊联军围攻特洛伊城，久攻不下，于是装作撤军，但在城外留下一个马肚子里藏着士兵的巨大木马，木马被特洛伊人拖入城后，潜伏在木马内的士兵在深夜打开城门，导致城池被攻陷。特洛伊木马就是攻击者投放到计算机中潜伏的恶意程序，能够使攻击者实现远程控制计算机、窃取计算机中的数据、破坏系统运行等各种恶意操作。让计算机免遭木马病毒感染、及时发现和清除木马、分析木马感染的后果、分析木马的来源等都是网络安全防护中的重要工作。

——肖新光 | 安天科技集团教授级高级工程师，首席技术架构师

小美和小丽结伴出游

下高铁后

第三章 常见的应用安全 · 公共 Wi-Fi 热点安全吗

　　接入恶意免费 Wi-Fi 热点存在个人信息泄露、钓鱼、中毒和身份欺骗的风险，建议：

（1）不要打开手机自动连接功能；

（2）如果非得连接免费 Wi-Fi，建议只做浏览网页等操作，不要涉及隐私；

（3）尽量使用手机数据流量进行发邮件、网银或购物操作；

（4）不在公共 Wi-Fi 环境下载安装软件；

（5）在手机上安装安全软件，增强安全防护功能。

——唐宏斌 | 蓝盾教育研究院副院长，高级工程师

超市商场中

家中

第三章 常见的应用安全·二维码可随便扫吗

　　二维码具有提供网址链接的入口功能。由于二维码生成方式简单，因此很容易被不法分子利用，发布虚假信息（如带有钓鱼网站链接或提示下载暗藏木马的软件）进行诈骗，对扫描者的财产安全和个人隐私造成巨大威胁。随着智能手机的普及，各种"扫码"促销活动铺天盖地，大家务必牢记：天上不会掉馅饼，千万不要因为"小恩小惠"随意扫描来路不明或广告类的二维码。

——马　进 | 上海交通大学网络空间安全科学与技术研究院副院长，
网络信息安全管理与服务教育部工程研究中心副主任

周末在小红家中

第二天

隔壁小明家

第三章 常见的应用安全·你的浏览器安全吗

　　用浏览器上网已成为人们司空见惯的一种工作和生活模式，随之而来，浏览器插件便如影随形。浏览器好比是你电脑中的一名上网服务员，你上网冲浪的愿望由它帮你实现，而插件就是这名服务员的助手，它帮助浏览器做一些特定的事情。经常有坏蛋想冒充这样的助手，一旦进入你的电脑，它就会干你意想不到的坏事，包括偷你的密码或让你的电脑失灵。这些坏蛋往往借助诱惑来分散你的注意力，进而让你主动把它们请进你的电脑中。

——石文昌 | 中国人民大学信息学院教授，中国云安全联盟专家委员会副主任

寒假在小红家中

一个月后

第三章 常见的应用安全·你的社交软件安全吗

　　网络和信息技术飞速发展，为人们带来了丰富的信息和便捷的通信，也赢得了人们的好感和信任，令人爱不释手。信息服务系统似乎成了人们随叫随到、贴身又贴心的伙伴。但是，这些系统远非人们想象中的那样"忠诚美好"。任何系统都做不到绝对安全，存在着无法完全消除的缺陷或漏洞。这些系统之后，隐藏着以高技术为手段的不法分子，他们肆意地冒充、篡改、诈骗，无所不为，无恶不作。所以，在使用信息系统时，一定提高警惕，谨防陷阱。

　　　　　　　　　　——张宏莉 | 哈尔滨工业大学计算机科学与技术学院副院长、教授、博士生导师，国家计算机信息内容安全重点实验室副主任

这个例子告诉我们，有些自认为已经被删除的个人图像或其他形式的信息，其实是可以采用一些技术手段有效恢复的。所以，需要我们增强信息安全保护意识，平时不要随便丢弃计算机硬盘（已经不用的）、移动存储设备（移动硬盘、优盘等）和具有很好存储能力的智能手机等。另外，现在通过各种"云"存储我们的隐私信息也很常见，需要提醒的是，这种方式也有隐私信息被泄露的风险，要注意采取有效的信息保护措施。

——俞能海 | 中国科学技术大学网络空间安全学院副院长、教授、博士生导师，
教育部高等学校信息安全专业教学指导委员会委员

小刚家中

几天后

第三章 常见的应用安全 · 你的数据有被泄露吗

　　个人信息等隐私数据是公民信息安全保护的核心目标之一。除了警惕被不合规运营商或程序"偷数据"之外，还要防范隐私数据自我泄露。不法分子往往利用多种手机APP、网络游戏或热门网络服务套取个人信息，汇聚分类后出卖牟利，乃至冒用你的个人信息进行网上贷款或诈骗。大家务必牢记：上网时个人信息不能随便填！要先确认网站合规且所要求输入的个人信息依法受到适当保护。不要因为它似乎有趣或流行而让个人数据"裸奔"。

——谭成翔 | 同济大学教授

PART 2 网络安全基本技能

学校机房

　　信息安全问题与信息化应用普及相伴而生，信息安全风险不仅来自外部攻击，内部人员安全意识薄弱更应引起重视。如果临时离开不注销或锁定计算机，被别有用心的内部人员或访客利用，极易造成个人隐私、商业机密、甚至国家秘密的泄露，一旦未锁定的电脑被恶意利用执行违规操作，如果监控和审计措施不到位，会给事件调查和责任认定带来困难。

——刘山泉 | 上海市经济和信息化委员会系统安全处处长

学校机房

放学路上

第四章 你养成这些安全习惯了吗·重命名管理员账户名字了吗

了解到默认的管理员账户名之后，无论是暴力破解密码，还是基于常用组合来猜解，攻击路线都非常清晰明确。

——姜开达 | 上海交通大学网络信息中心副主任

学校机房

第四章 你养成这些安全习惯了吗·关闭文件和打印机共享了吗

　　文件共享是 Windows 系统提供的主动共享自己计算机文件的网络服务，常用网络端口号是
135、136、137、138、139 和 445。该服务常用于企业内网的资源分享，是一种非常方便、实
用的服务，但也是被黑客入侵利用的安全漏洞之一。黑客成功利用此漏洞后，可以查看、下载
共享服务器的文件，甚至可以安装木马、远程控制该服务器。因此在不需要共享文件时，建议
关闭此服务，以免给黑客入侵提供可乘之机。

——陈秀真 | 上海交通大学网络空间安全科学与技术研究院副教授

第四章 你养成这些安全习惯了吗·显示文件扩展名了吗

在这个例子中，我们看到了文件后缀名的重要性。计算机中的所有文件都有一个名字，名字不光告诉我们文件的内容，它还用后缀名的方式告诉计算机需要用什么软件来打开、查看或编辑这个文件。本例中 "DOC" 就是文件 "小丽 05029.DOC" 的后缀名，它告诉计算机这个文件的类型是 WORD 文档，需要用微软公司的 WORD 软件来打开。常用的文件后缀名还有 "JPG"，表示图片文件，可以用看图软件打开；后缀名 "AVI" 表示视频文件类型，可以用媒体播放器软件打开；而 "EXE" 表示可执行文件，可以双击直接运行。如果我们在保存文件的时候没有给出正确的后缀名，就会出现打开是乱码或者文件打不开的情况。需要注意的是，文件管理器很多时候被设置成不显示后缀名，这时我们是看不到后缀名的，通常借助文件的图标来判断是什么文件。如果黑客把一个 EXE 类型病毒文件的图标偷偷改成 WORD 文档的图标，我们误以为它是 WORD 文件双击之后，就会直接运行病毒。所以，对于一切来源不明的文件一定要小心处理，不要随意点击。

——蔡忠闽 | 西安交通大学教授，博士生导师

23

第四章 你养成这些安全习惯了吗·重要文件存储和传输时加密了吗

在信息时代的今天，我们生活中的个人隐私、工作中的保密信息，越来越多地以电子文件的形式，保存在电脑、手机和 U 盘等电子设备中；它们还经常被我们通过邮件、微信和 QQ 等在网络中进行传输。如何保护这些重要文件的私密性？一个简便而有效的办法是：对这些文件进行加密。对于加密后的文件，只有掌握密码的你，才能打得开和看得懂，注意，你可要记住密码哦！

——杨文山 | 上海格尔软件股份有限公司总经理，高级工程师

第五章 电脑与手机安全防护措施 · 如何安全使用 Windows

同学们都有使用电脑或智能终端上网浏览、购物、打游戏、学习的经历，而电脑和智能终端由处理器、存储、键盘、显示器/屏等硬件组成，操作系统就负责管理和调度这些硬件来完成各种任务，而 Windows 就是一种最常用的操作系统。我们应学会如何通过合理的配置和管理操作系统，有效防范网络攻击，保护终端数据的安全。

——陈兴蜀 | 四川大学网络空间安全学院常务副院长，教授

某小学课堂

这就是"短信骗术",给你们举个例子：骗子伪装XX运营商向受害者发送钓鱼短信，提醒他"开通了XX财经半年包业务"，同时发来的还有一条"余额不足"的短信。

接着收到来源为"10658XXXXXXX16280086"的号码发来的一条短信：

您成功订阅了XX运营商的XX财经（40元/半年），3分钟退订免费。如需退订请编辑短信"取消+校验码"至本条短信退订。

受害者只想快点退订这个破业务，直接回复了：

取消+******

噩梦就此开启：手机号码失效，半天之内银行卡上的资金被席卷一空。

不法分子利用"USIM卡验证码"，完成了对受害者手机卡的复制，摇身变成这位网友，操作资金流向，实现了"补卡、截码、诈骗"。

那怎么实现的呢？

啊，这么恐怖。

手机与我们形影不离，渗透到我们的衣、食、住、行、娱乐。

手机安全使用"九不要"

1.不要忘记设置手机开机密码。
2.不要允许软件安装过程中的所有选项。
3.不要轻信扫描陌生人发的二维码。
4.不要随意下载不明手机APP。
5.不要轻易打开收到的可疑信息。
6.不要添加陌生的微信或QQ好友。
7.不要随便接入公共WI-FI。
8.不要随意发给别人验证码。
9.不要忘记安装安全防护软件。

为避免信息泄露、病毒感染和钓鱼攻击等事件发生，需要养成良好的使用习惯。

第五章 电脑与手机安全防护措施·如何安全使用 Android 和 iOS

在生活中，手机几乎已经无处不在，我们可以用手机办公、聊天、买东西和玩游戏等。但是，手机给我们提供了种种便利的同时，也给我们带来了许多问题，尤其是手机导致的个人信息泄露，更是严重地影响了我们的日常生活，给我们带来很大的损失，造成很恶劣的影响。这几年，很多新闻报道了电信诈骗的案例，案件侦破后，原因往往就是受害者精确的信息被坏人利用了，而这些泄露的用户行为数据与我们的手机有非常大的关系。

最为严重的是，我们普通用户往往都缺乏信息安全的常识，一般不会意识到，在我们使用手机的过程中，不经意间会产生大量的敏感行为数据。比如当我们在许多软件的支付页面里输入信用卡号、密码等信息时，往往不会意识到许多手机软件还会悄悄记录这些数据并发送到后台服务器，除了正常使用用途之外，这些数据还会被用于数据买卖。我们普通用户并不清楚个人的隐私已经泄露了，而诈骗分子根据这些数据精心设计的骗局，则会具有强烈的欺骗性。

科学家们正在努力研究如何防范用户行为数据泄露这个问题，有朝一日也一定会找到解决之道，但在这些技术没有问世前，如何减轻甚至避免普通用户受害呢？"提高大众手机使用的安全意识"是我们每个人都可以做到的。古文里有句话叫"无知者无畏"，我们若能掌握一定的常识，建立起一定的警惕防范心，遇到异常情况时，不要急于盲从迷信，这些诈骗分子是不容易得手的。

——杨 珉 | 复旦大学计算机科学技术学院教授

小学网络安全宣传周

第五章 电脑与手机安全防护措施·感染病毒后应如何实施应急处置

现在虽然有众多的杀毒软件和防火墙为小伙伴们电脑提供保护，但新病毒和木马，加上黑客的入侵，电脑中毒的情况还是很普遍。尤其是上网的用户，一不留意就会中招。那么小朋友如何有效地防范呢？养成不轻易下载非官方网站的软件与程序、不光顾那些很诱惑人的非官方网站、不随便打开某些来路不明的 E-mail 与附件的习惯，可以有效防止病毒危害。大家要时刻谨记哦！

——郑洪宾 | 北京红亚华宇科技有限公司 CEO

PART 3 新兴的信息化科技影响有多大

XX 自动化工厂

第六章 工厂变得"聪明"了：工业4.0

　　创新发展是人类进步与飞跃的原动力，科技是创新的主导因素，技术的突破让现实与幻想更加接近。

　　具有学习和提高能力的智能设备使个性化定制设计和定制产品越来越走近我们的生活。网络与信息化、大数据分析是智能化城市建设的基石，所以，建设信息化与创新思维将为人类开启美好生活。

　　人类实现智能生活的美好目标，需要年轻人的想象和创造思维，更需要年轻一代不断学习和把握时代发展脉搏，激发对科技的热情，树立改造自然、创造奇迹的远大理想。希望就寄托在你们青年一代身上。

—— 苑 舜｜国家能源局东北能源监管局局长，博士生导师，教授

互联网 + 展会

第七章 互联网上能加些什么呢：互联网 +

　　"互联网 +" 是指社会信息化过程中，让互联网与传统行业进行深度融合，促使传统产业数据化和在线化，提升全社会的创新力和生产力，形成更广泛的以互联网为基础设施和实现工具的经济发展新形态。当前大家熟悉的网上购物、移动支付、共享单车、在线旅游、在线游戏等都是"互联网 +"的例子。

——陈晓桦 | 中国网络空间安全协会副秘书长，研究员

逛街途中

第八章 万物互联：物联网

　　物联网技术是一种通过无线或有线网络将设备与设备、设备与人、人与人联系在一起的网络技术。未来我们都处在一个物联网的世界里，生活和工作更便捷。但如果信息安全做得不好，会造成身份、位置、通信记录等隐私信息泄漏，还可能被挖掘出运动轨迹、喜好习惯、相互关系等敏感信息，威胁人身安全。因此，我们要从头抓起，在设计和运用物联网的同时，高度重视物联网安全。

—— 胡爱群 | 东南大学信息安全中心主任，教授

看完电影的路上

第九章 你"全副武装"了吗：可穿戴设备

可穿戴设备在医疗、运动、娱乐、军事等领域有丰富的应用场景。常见的有智能手环、智能手表、智能眼镜、智能耳机等智能配件，还有智能服装、智能手套等智能纺织品。此外，科学家也在开展皮肤贴片、智能纹身、仿生眼等智能皮肤和智能芯片的研究。总体来看，未来的可穿戴设备会更小、更便携，作为新的人机交互方式影响着人们的生产生活。

——徐 涛 | 中国民航信息技术科研基地主任，中国民航大学教授、博士生导师

3D 打印展厅

第十章 与众不同的打印机：3D 打印

　　3D 打印机是材料科学、计算机科学、控制科学等多学科交叉在智能制造领域的创新成果。就像纸张和印刷技术发明以后改变了我们人类日常文字处理一样，3D 打印机的发展和应用不仅能够改变我们日常生活中的物品生成方式，还将带来工业生产制造技术的巨大变革，是影响未来工业生产和生物医疗健康领域的关键技术之一。

——陈 钟 | 北京大学信息科学技术学院教授

放学路上

再过几天就考试了，可好朋友萌萌的生日也快到了，我在犹豫是在实体店还是网上为她选择礼物，你能帮我参谋一下吗？

网购多便捷啊，不用去跑实体店，还可以节省时间复习功课。

但是，我担心网购后信息泄露、货不对版。

多加注意会好一些，你可以在天猫、京东、1号店等正规的网站挑选，货比三家后，选择信誉好的商家。

支付时最好选择货到付款，实在不行可选择可以信任的第三方支付平台。

第十一章 带来便利的同时，安全吗

　　网络购物模式给消费者的生活带来便捷的同时，也对消费者个人信息的安全存在着威胁。伴随信息泄露而来的垃圾短信、骚扰电话、精准诈骗日益威胁着人们的隐私、财产甚至生命安全。提升消费者的自我防范意识能够从源头上有效避免个人信息泄露，尤其是未成年消费者，更应谨慎透露个人信息，培养良好的购物习惯，掌握必要的个人信息保护技巧，从而减少个人信息的非法利用空间。

——封化民 | 北京电子科技学院副院长，教授

XX AI 体验展

第十二章 无处不在的人工智能

　　智能时代的来临，人工智能（AI，Artificial Intelligence）已经融入生活，变成我们每个人生活中的一部分：智能助理等应用让我们有了贴身的聪明小秘书；电商也依赖于人工智能技术向我们推荐最适合的商品；人脸识别等机器视觉技术可以让系统认识的"熟人"自由通行，"陌生人"则会被拒之门外；机器人可以帮助我们完成各种精密或危险场景下的工作……和人学习本领的过程一样，人工智能也是通过大量的学习来提高本领的。让我们一起学习吧，AI 改变世界，我们改变 AI。

——杨小康 | 上海交通大学人工智能研究院常务副院长，教授

PART 4 从小·做个爱国守法的网民

某家庭新闻时刻

第十三章 国家网络主权要维护

　　网络空间已经和人类生活的物理空间紧密融合，地球上的国家无论大小都是平等的，大家在网络空间也一样是平等的，都有发展权、参与权和治理权。国家的主权自然地延伸到网络空间。网络主权的维护好比你有一套房屋在外地，虽然不在同一个地方，但房屋所有权属于你，怎么使用是你说了算的，别人不能说三道四。

——王 军│中国信息安全测评中心总工程师，研究员

某小学班会

第十四章 信息安全法律要遵守

掌握网络技能,培养信息素养,学习法律常识,提升安全意识,争做信息时代懂网、守法的小公民!

——杨海军 | 上海市委网络安全和信息化领导小组办公室总工程师

后 记

信息时代，网络带给每个人快乐、便捷、分享、进步，与此同时，网络快速发展带来的新问题也愈加突出。维护网络空间安全，就要知道风险在哪里，是什么样的风险，什么时候会有风险。

要想成为网络空间安全的"聪者""智者"，需要发现和认识来自身边的安全威胁，具备防范网络空间安全风险的意识和掌握基本方法。这样一本网络空间安全青少年科普读本的出版，从青少年入手提高全民网络空间安全意识，能够让更多的青少年关注网络空间安全的重要性，提升青少年网络空间安全的防范技能和进一步探索的兴趣。

本书结构清晰、通俗易懂、图文并茂、贴近生活，适合青少年人群阅读，能够帮助青少年读者"一键"了解网络空间安全的基本知识，促进其提升安全意识，知其然且知其所以然。

——中国工程院院士

何德全

二〇二〇年二月

致 谢

两年的时光，作者做了广泛的调研，也阅读参考了大量的资料，在读本撰写过程中得到了众多的支持，尤其是同事周志洪，以及张龙庭、熊雨凤、朱玲等朋友。他们或提议或撰文，在读本内容的编写、展现和完善图文等过程中，付出了辛勤的汗水。

在读本付梓之际，对所有支持和帮助作者的朋友、教师、学生们一并表示衷心的感谢！

如果读本能给青少年朋友打开一扇小窗，引导其安全上网、安全用网，这是作者最大之幸福。

希望广大的读者、教师和青少年朋友们通过邮件（SjtuPopularScience@163.com）对本书内容提出问题和建议，这将成为读本进一步修订的非常宝贵的参考资料。同时，由于新技术发展太快，书中也会有不足之处，也期望学术同仁们不吝赐教。

—— 李建华 马进 陈秀真 刘功申

二〇二〇年二月